跟著
可愛角色
學習

見識見識
地球有多厲害！

黃鐵礦

地球礦物小圖鑑

監修：松原 聰　日本國立科學博物館名譽研究員、前地球科學研究部長

插畫：いとうみつる

剛玉

孔雀石

自然銀

磁鐵礦

鑽石

自然金

瑞昇文化

前言

　　大家知道，我們居住的這顆地球，幾乎都是由「礦物」所組成的嗎？

礦物是由非常微小的顆粒所構成的物質，許多礦物聚集起來就會成為岩

石。

　　由於都市裡的土地都被人造的建築物以及柏油路給覆蓋住了，所以可

能比較沒那麼容易找到礦物。不過，其實路旁的小石子、山上、海岸、

河畔的岩石與砂礫，都是由許許多多礦物聚集而成的。

　　諸多礦物之中，有一些十分美麗動人。那些漂亮的石頭自古以來就被

當作珠寶，受到人們珍愛。還有一些對我們的生活有很大幫助，像是遠

古時代的人類會用石頭做成道具、用泥土燒製土器。沒有錯，泥土大半

也是由礦物所構成的喔！而隨著文明發展，我們得以從礦物之中提煉出

銅、錫、金、銀、鐵等各式各樣的金屬，用來製作形形色色的道具和裝

飾品。如今已有更多不同的礦物運用於種種方面，而找尋更有用礦物的研究也是方興未艾。潛藏在地球深處的礦物，還存在許多不可思議的未解之謎。

　　一些會製成珠寶、或是常常運用在生活周遭的各種礦物，會在本書中化身為可愛的插畫角色。想要正確認識礦物似乎不太容易，不過請大家不必擔心，就讓這些可愛又特別的礦物角色來簡單明瞭地告訴你，他們各有什麼特徵、常常用在什麼樣的地方吧！如果各位讀了這本書後，能稍微體會到礦物的有趣之處，對我這個監修者來說，實感欣慰。

日本國立科學博物館名譽研究員、前地球科學研究部長　松原　聰

目次

本書閱讀方法

地表被許多岩石所覆蓋，而形成這些岩石的「礦物」，會在本書化身為插畫角色登場。這些角色會介紹他們各自的色澤和硬度等特徵，還有形成方式以及用途。

用一句話來表現該礦物最主要的特色。

礦物的名稱。

將礦物給人的印象畫成插畫角色。

除了礦物的主要特徵，也會說明礦物分布的地方以及是如何形成的喔。

簡單介紹礦物的特徵。

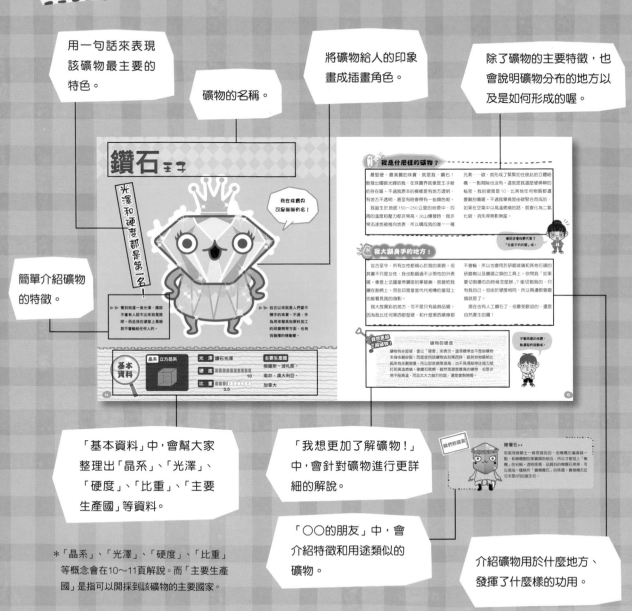

「基本資料」中，會幫大家整理出「晶系」、「光澤」、「硬度」、「比重」、「主要生產國」等資料。

「我想更加了解礦物！」中，會針對礦物進行更詳細的解說。

「○○的朋友」中，會介紹特徵和用途類似的礦物。

介紹礦物用於什麼地方、發揮了什麼樣的功用。

＊「晶系」、「光澤」、「硬度」、「比重」等概念會在10～11頁解說。而「主要生產國」是指可以開採到該礦物的主要國家。

礦物探險隊

晶太

結子

對石頭沒什麼興趣的小男生。以前從來沒觀察過石頭和岩石，對於礦物完全不了解。

超喜歡珠寶跟漂亮石頭的小女生。雖然對礦物了解得不多，但很有興趣。

礦物老師

於世界各地探險的礦物學者。他希望能讓更多人知道更多和礦物有關的事情。

 結子「哇～紅寶石真的好漂亮呀～！」

 晶太「那種介紹小石頭的書好看嗎？」

 結子「那是珠寶，才不是小石頭呢！而且除了珠寶，還有很多漂亮的礦物呢！」

 晶太「礦物？那是什麼東西？」

 礦物老師「提到礦物，問我就對了！想知道什麼，我都可以告訴你們喔！我們先來學習『礦物的基本常識』吧！」

礦物的基本常識

大家有聽過「礦物」嗎？路旁的小石子、在山上跟河邊看見的岩石，每一個的顏色和觸感都不一樣對不對？其實，這就是裡頭的礦物所造成的影響。多了解礦物，或許你眼中的世界會有所不同。讓我們先在這裡學習一些礦物的基本常識吧。

什麼是礦物？

礦物是一種很小的物質，聚集起來就會形成小石頭和大岩石。而且這是大自然產生的無機物，並不是人工製造的。那麼無機物又是什麼呢？動物和植物為了生存會攝取養分，並在體內轉換成其他的物質。這些因生物活動而產生的物質，稱作有機物。無機物就是有機物之外的物質，是在地球的各種自然作用下所產生的物質。

再更仔細一點觀察，就會發現礦物是由非常小的原子組合而成。而排列得井井有條的原子則會形成結晶（→10頁）。

礦物的種類，是依照原子的種類和原子的結構來決定的。

換句話說，「礦物」就是自然界中誕生的無機物，而且當原子排列規律時便會形成結晶。

構成礦物的原子

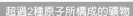

超過2種原子所構成的礦物

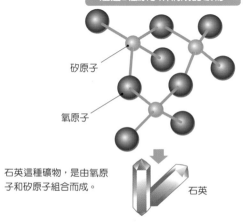

矽原子

氧原子

石英這種礦物，是由氧原子和矽原子組合而成。

石英

單1種原子所構成的礦物

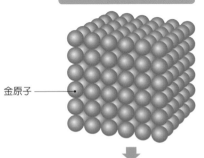

金原子

自然的黃金是由金原子所構成。

自然金

礦物是怎麼形成的？

地球內部的溫度和壓力都非常高，地底深處還有岩石熔化而成的岩漿喔。在岩漿和岩漿周圍的高溫地下水中，就含有形成礦物的成分。當這些成分因為某些因素冷卻（比如經過長久時間），就會結出結晶，形成礦物。也有些礦物是岩漿裡含有的火山氣體，經冷卻凝固後形成的。

地球的表面覆蓋著一層岩石。實際上，岩石就是由礦物聚集而成的，所以岩石裡頭也含有礦物喔。岩石可以概分成三種：岩漿在接近地表的過程中冷卻形成的「火成岩」、岩石碎片堆積形成的「沉積岩」、以及岩石在地底因熱與壓力產生變化的「變質岩」。

礦物是在這種地方形成的

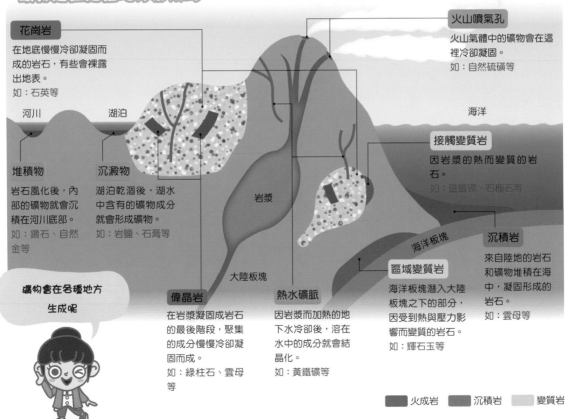

火山噴氣孔
火山氣體中的礦物會在這裡冷卻凝固。
如：自然硫礦等

花崗岩
在地底慢慢冷卻凝固而成的岩石，有些會裸露出地表。
如：石英等

河川　　　湖泊

海洋

接觸變質岩
因岩漿的熱而變質的岩石。
如：磁鐵礦、石榴石等

堆積物
岩石風化後，內部的礦物就會沉積在河川底部。
如：鑽石、自然金等

沉澱物
湖泊乾涸後，湖水中含有的礦物成分就會形成礦物。
如：岩鹽、石膏等

岩漿

沉積岩
來自陸地的岩石和礦物堆積在海中，凝固形成的岩石。
如：雲母等

海洋板塊

大陸板塊

區域變質岩
海洋板塊潛入大陸板塊之下的部分，因受到熱與壓力影響而變質的岩石。
如：輝石玉等

礦物會在各種地方生成呢

偉晶岩
在岩漿凝固成岩石的最後階段，聚集的成分慢慢冷卻凝固而成。
如：綠柱石、雲母等

熱水礦脈
因岩漿而加熱的地下水冷卻後，溶在水中的成分就會結晶化。
如：黃鐵礦等

■ 火成岩　■ 沉積岩　□ 變質岩

結晶、光澤是什麼意思?

　　構成礦物的各種原子,如果排列得很有規律,就稱為「結晶」。而結晶所歸屬的類別稱作「晶系」,大致上可以分成七種,同一類別的礦物會結出類似的形狀。如果用結晶中心交錯的3~4條「晶軸」來看,就很好判斷該結晶屬於哪一類了。

　　結晶生成後,雖然會呈現立方體之類的形狀,不過也有些是2個以上的結晶黏在一起,或是由很多細小結晶集合成一體的型態。

　　而每種礦物的透光度和反光的形式也都不一樣,所以表面閃閃發亮的感覺和質感也都各有特色。這項特徵就稱為「光澤」。

晶系(結晶的分類)的種類

礦物的結晶和光澤
也分成很多不同種類呢。

立方晶系
3條晶軸相互以直角相交,且所有晶軸皆等長。多見於立方體和正八面體類的礦物。

正方晶系
3條晶軸相互以直角相交,而僅有垂直軸與其他兩軸不等長。多見於橫切面為正方形的柱狀礦物。

斜方晶系
3條晶軸相互以直角相交,但每條晶軸皆不等長。多見於柱狀和如桌面般扁平的礦物。

單斜晶系
具有不等長的3條晶軸,其中2條以直角相交,另外1條以不同角度斜交。多見於柱狀礦物。

三斜晶系
具有不等長的3條晶軸,且彼此皆以斜角相交。多見於形狀複雜的礦物。

六方晶系
具有4條晶軸,其中3條等長,且相互以60度斜交,僅有垂直軸與其他晶軸以直角相交,且與其他3軸不等長。多見於六角柱狀礦物。

三方晶系
具有3條等長晶軸,皆以直角以外的角度斜交。多見於三角柱狀礦物。

光澤的種類

鑽石光澤	透明度極高、光澤亮麗。	樹脂光澤	呈現塑膠般的柔和光澤。
玻璃光澤	透明度佳、光澤有如玻璃。	脂肪光澤	宛如表面包覆一層油脂般,油亮的光澤。
金屬光澤	不透明、光反射率高。	絲綢光澤	具有如絲綢般的潤澤。
珍珠光澤	半透明、光澤柔和。	土狀光澤	幾乎沒有光澤。

硬度、比重是什麼意思？

礦物給人一種又硬又重的感覺對不對？不過，其實也有又軟又輕的礦物喔。

礦物的「硬度」，是依據表面產生刮痕的難易度來決定，共分成 10 個等級。用指甲輕輕一刮就產生刮痕的滑石，硬度是「1」。用其他任何礦物去刮都不會產生刮痕的鑽石，硬度則是「10」。這項硬度標準是由礦物學家摩氏（Friedrich Mohs）所制定，因此也稱為「摩氏硬度」。

重量部分則以「比重」來表示。我們設定某礦物與水具有同樣體積，而比重所標示的，是當我們假設該體積的水重量為 1 時，礦物的重量為水的幾倍。舉例來說，鑽石的比重大約是 3.5，所以當我們把一顆鑽石放在天平一端，另一端大概需要放上 3 杯半相同體積的水，這樣一來兩端才會平衡。順便說一下，本書所介紹的礦物中，比重最大的就是自然金，大約有 19.3 喔。

摩氏硬度

礦物	硬度	
鑽石	10	■■■■■■■■■■
剛玉	9	■■■■■■■■■□
黃玉	8	■■■■■■■■□□
石英	7	■■■■■■■□□□
黃鐵礦	6	■■■■■■□□□□
磷灰石	5	■■■■■□□□□□
螢石	4	■■■■□□□□□□
方解石	3	■■■□□□□□□□
石膏	2	■■□□□□□□□□
滑石	1	■□□□□□□□□□

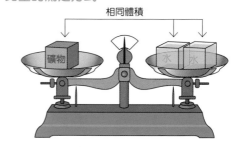

比重的測定方式

相同體積

礦物　水　水

這種礦物的重量比同體積的水重 2 倍，所以比重為 2。

你們兩個對礦物越來越了解了呢！那麼接下來，我們就出發去探險，認識各種礦物囉！

用於裝飾的礦物

藍寶石公主

剛玉姊妹

海藍寶石戰士

紅寶石公主

鑽石王子

綠柱石兄弟

祖母綠騎士

　　人們從古至今都喜愛美麗的礦物。為了讓礦物看起來更動人，還會研磨、削切，製成珠寶。世界上雖然有超過5100種礦物，但有辦法製成珠寶的，只有其中的100種左右而已。所以說，我們可是能成為珠寶的珍貴礦物喔。

　　鑽石在珠寶界的地位宛如王子！不僅硬度最高，還會散發出耀眼的光輝。紅寶石與藍寶石是自一種叫剛玉的礦物所製成的珠寶。紅寶石呈現深紅色，藍寶石則會具備藍色和黃色的光澤。綠柱石可以製成閃爍著綠色光輝的祖母綠，以及帶著淡淡水藍色的海藍寶石。石榴石的結晶則像綻開的石榴果實一樣鮮紅。而以地中海般的藍色為招牌特色的綠松石，雖然有個別名叫「土耳其

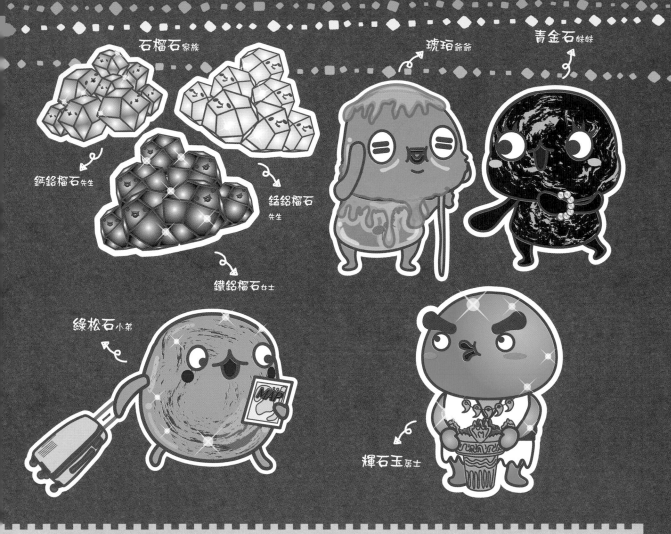

石榴石家族

琥珀爺爺

青金石妹妹

鈣鉻榴石先生

錳鋁榴石先生

鐵鋁榴石女士

綠松石小弟

MAP

輝石玉居士

「石」，但其實並不是在土耳其發現的喔。日本自繩文時代起就喜愛的綠色寶玉，主要就是用輝石玉製成的呢。而構成青金石（lapis lazuli）這種群青色珠寶的同名礦物青金石（lazulite），是串珠材料中常見的礦物。琥珀則比其他礦物更有自己的風格，是由松樹和杉樹的樹液所形成。由於琥珀呈現暗沉的紅褐色，所以也用於製作具有古董感的飾品。

　　就像上面提到的，我們這些珠寶的色彩十分繽紛。不過也不是所有的礦物都能變成珠寶喔！能變成珠寶的，只有品質優良的結晶呢。

鑽石王子

光澤和硬度都是第一名！

我在珠寶界可是赫赫有名！

▶▶ 看到我這一身光澤，應該不會有人認不出來我是誰吧。而且我在硬度上是絕對不會輸給任何人的。

▶▶ 自古以來就是人們愛不釋手的珠寶。不過，作為用來替其他原料加工的研磨劑，也有我發揮的機會喔。

基本資料

晶系 立方晶系

光澤 鑽石光澤

硬度 ■■■■■■■■■■ 10

比重 ■■■■□□□□□□ 3.5

主要生產國
俄羅斯、波札那、
南非、澳大利亞、
加拿大

我是什麼樣的礦物？

最堅硬、最美麗的珠寶，就是我，鑽石！散發出耀眼光輝的我，在珠寶界就像是王子般的存在喔。不過我原本的模樣是有地方透明、有地方不透明，甚至有時會帶有一些顏色呢。

我誕生於地底150～250公里的岩漿中，四周的溫度和壓力都非常高。火山爆發時，我被迅速地推向地表，所以構成我的唯一一種元素——碳，就形成了緊緊扣住彼此的立體結構，一點間隙也沒有。這就是我這麼硬梆梆的秘密。我的硬度是10，比其他任何物質都還要難刮傷喔。不過我畢竟是由碳聚合而成的，如果在空氣中以高溫燃燒的話，就會化為二氧化碳，消失得無影無蹤。

據說這種珠寶代表了「永垂不朽的愛」呢。

我大顯身手的地方！

從古至今，所有女性都傾心於我的美貌。但其實不只是女性，我也點綴過不少男性的外表喔。像登上法國皇帝寶座的拿破崙，就曾把我鑲在劍柄上。而在印度皇室代代相傳的皇冠上也能看見我的身影。

我大放異彩的地方可不是只有裝飾品喔。因為我比任何東西都堅硬，和什麼東西摩擦都不會輸，所以也會用於研磨玻璃和其他石頭的研磨劑以及鑽頭之類的工具上。你問我「如果要切割鑽石的時候怎麼辦」？能切割我的，只有我自己。但由於硬度相同，所以兩邊都會磨損就是了。

現在也有人工鑽石了，但最受歡迎的，還是自然產生的囉！

礦物的硬度

礦物有多堅硬，會以「硬度」來表示。這項標準並不是指礦物本身多難碎裂，而是使用該礦物去刮東西時，跟其他物質相比起來有多難損傷。所以即使硬度很高，也不見得耐得住強力敲打和高溫燃燒。像鑽石我啊，雖然是硬度最高的礦物，但是非常不耐高溫，而且太大力敲打的話，還是會裂開喔。

不管再硬的珠寶，都還是有弱點呢。

剛玉姊妹

可以化身為深紅色與深藍色的珠寶！

紅寶石公主

藍寶石公主

我們美麗的秘密竟然是雜質呢！

▶▶ 我們兩個都屬於剛玉這種透明的礦物。因為體內混雜的不同物質、含量，才使我們的顏色產生改變。

▶▶ 顏色漂亮的會被當成珠寶，但沒那麼漂亮的剛玉，也可以善用其硬度，用於研磨劑還有道路的防滑措施上。

基本資料

晶系 三方晶系

光澤 玻璃光澤

硬度 ████████████□ 9

比重 ██████□□□□□ 4.0

主要生產國
緬甸、泰國、印度、斯里蘭卡、馬達加斯加

我是什麼樣的礦物？

我們「紅寶石」和「藍寶石」，其實都是從剛玉這種礦物製成的珠寶。不過也不是所有的剛玉都能變成珠寶喔。

剛玉雖然是透明的礦物，但是當混雜了一些主要成分之外的物質（雜質），就會呈現紅、藍、橘等豐富的顏色。其中，深紅色的剛玉稱作「紅寶石」，而其他的則都歸類成「藍寶石」。雖然藍寶石公主給人最大的印象是她那深藍的色澤，不過其實她也有其他不同的顏色。

紅寶石公主之所以呈現深紅色，是因為內部含有1%左右的鉻元素所致。鉻的含量不能太多、也不能太少，還不能混雜到其他物質，所以紅寶石公主可說是十分珍貴呢。

如果紅色不夠明顯，就不會稱作「紅寶石」，而是稱作「粉紅藍寶石」。

我大顯身手的地方！

我們在珠寶界非常受歡迎，常常裝飾在各種東西上。

最漂亮、最昂貴的紅寶石公主，是緬甸產的「鴿血紅寶石」，意思是這種紅寶石具有如「鴿子的血」一般深紅的顏色。補充一點，以前的緬甸人相信「擁有紅寶石的人便能擁有永恆的生命」。

藍寶石公主之中，含有鐵和鈦的蔚藍色寶石是最貴重的。印度佛教徒認為她「可以使人保持心靈祥和」，因此特別珍惜。

我們的硬度是9，非常堅硬，所以品質沒那麼好、沒辦法做成珠寶的剛玉，也會用於研磨劑和道路的防滑措施等方面。

我想更加了解礦物！

誕生石

一顆礦物要做成珠寶，必須要滿足美麗、稀有、不易損傷這三項條件才行。而「誕生石」的概念，就是將這些珠寶分別對應到每一個月份。據說如果擁有自己誕生月份的誕生石，就會變得十分幸福。每個國家的誕生石都不見得一致，以日本為例，紅寶石公主是7月的誕生石，而藍寶石公主是9月。鑽石王子（→14頁）則是4月的誕生石。

誕生石是什麼時候出現的，至今依然存在各種說法。

綠柱石兄弟

可以變成綠色與淡水藍色的珠寶！

自古以來，我們就常被做成珠寶，還有當護身符使用喔。

祖母綠騎士

海藍寶石戰士

▶▶ 綠柱石中如果含有微量的鉻或是釩，就會變成祖母綠騎士；如果含有鐵，則會變成海藍寶石戰士。

▶▶ 綠柱石兄弟一直備受人們喜愛。祖母綠騎士是豐饒的象徵，海藍寶石戰士則是保佑人們出海捕魚時能夠成功的護身符。

基本資料

晶系 六方晶系

光　澤 玻璃光澤

硬　度 ■■■■■■■■■□□□
7½

比　重 ■■■□□□□□□□□□
2.7

主要生產國

哥倫比亞、尚比亞、巴西、馬達加斯加、日本（福島縣等）

我是什麼樣的礦物？

我們都是從綠柱石衍生出來的珠寶。綠柱石本身不具有顏色，但如果混雜了鉻或是釩，變成深綠色結晶時，就稱作「祖母綠」。而混雜了鐵，變成淡水藍色的結晶時，則稱作「海藍寶石」。不管是哪種結晶，想要做成珠寶，都必須是結得又大又晶瑩剔透的結晶才可以。

從綠柱石衍生的珠寶除了我們之外，還有粉紅色的摩根石、金色的金綠柱石、紅色的紅色綠柱石。這些珠寶就像我們的兄弟一樣。

祖母綠騎士的硬度雖高，但容易產生裂痕，所以又大顆又沒有裂痕的祖母綠，是十分珍貴的喔。

在日本，祖母綠是5月的誕生石，而海藍寶石則是3月的。

我大顯身手的地方！

古埃及人認為，祖母綠騎士是「豐饒的象徵」，就連埃及豔后也十分喜愛，甚至傳說她有一座個人專屬的祖母綠礦山呢。

海藍寶石的英文「aquamarine」就有「海水」的意思。古羅馬水手相信，海藍寶石戰士具有使大海平靜、保佑捕魚順利的力量。

我們兄弟會被做成珠寶。在加工製成祖母綠騎士時，大多會在中央切割出一處寬闊的平面，這麼一來就更能顯出其綠色的透明感。這種加工方式稱作「祖母綠切割」。製作海藍寶石戰士時，則會切割出許多細小的面，以強調他閃閃發亮的光輝。每種珠寶的切割法各有不同，都有適合引出其魅力的方式。

我們的朋友

橄欖石 ♯♯

和祖母綠騎士一樣是綠色的，但橄欖石稍微偏黃綠，和橄欖樹的果實顏色相近，所以才會冠上「橄欖」的名稱。透明度高、品質好的橄欖石弟弟，可以做成一種稱作「貴橄欖石」的珠寶。貴橄欖石在日本是8月的誕生石。

不僅地球上有，從外太空飛來的隕石裡也含有橄欖石喔。

石榴石家族

石榴果實般的外型！

透明感十足的暗紅色很美吧？我們家還有綠色跟黃色的成員喔。

▶▶ 光是目前發現的石榴石就超過14種了。我們彼此的形狀雖然一模一樣，但內部含有的成分不同，才造就各種不同的顏色。

錳鋁榴石先生

鈣鉻榴石先生

鐵鋁榴石女士

▶▶ 家族代表非鐵鋁石榴女士莫屬。雖然她是美麗的珠寶，但過去也曾因為其色澤而被拿來製成武器使用。

基本資料

晶系	立方晶系

光　澤　玻璃光澤

硬　度　■■■■■■■□□□
（鐵鋁榴石）　7

比　重　■■■■■□□□□□
4.3（鐵鋁榴石）

主要生產國

印度、捷克、南非、美國、巴西、澳大利亞

我是什麼樣的礦物？

我們石榴石家族，目前已經發現了14種以上的成員。我們體內的原子排列方式相同，所以大家都是十二面體或二十四面體，長得一模一樣。發現我們的時候，大多會看到一顆顆結晶聚集在一起的形式，那模樣簡直就跟石榴的果實沒兩樣！

雖然我們家族成員外型一致，但內含的原子種類卻不盡相同。所以不同種類的原子，會讓我們呈現出完全不一樣的顏色。代表我們家族的種類，就是由鐵和鋁為主要成分的鐵鋁榴石女士了吧！她呈現一種透明且深邃的紅色。其他還有像是以鉻為主要成分的綠色鈣鉻榴石、和以錳為主要成分的橘色和黃色錳鋁榴石。

我大顯身手的地方！

我們家族中品質特別好的會被拿來做成珠寶。石榴石也是1月的誕生石喔。

能拿來製成珠寶的，幾乎都是又紅又透明的鐵鋁榴石。在過去仍舊使用蠟燭照明的時代，石榴石受歡迎的程度可是遠遠超過現代呢。這是因為當用燭光去照亮石榴石時，那種紅看起來非常漂亮。如果是用現代螢光燈去照，看起來就會有點黑黑的。

另外，有一件悲傷的往事，就是石榴石曾經被人拿來當作武器使用。由於石榴石的顏色很像血，所以有人深信「具有強大的力量」，於是拿來當作子彈。

顏色比較沒那麼漂亮的石榴石，則會當作研磨劑，做成砂紙等。不過現在比較常用人工石榴石來代替了。

我們的朋友

黃玉 大神

毫無雜質的黃玉大神是無色透明的，不過大多都含有鐵和錳等元素，所以才會帶有顏色。黃玉有很多種不同顏色，不過帶有一點橘黃色的透明黃色種類最有名，會被做成珠寶，也是11月的誕生石喔。黃玉有個特徵，在熱以及輻射影響下顏色會改變。硬度則是8。

據說黃玉在埃及神話裡，是太陽神拉的象徵呢。

綠松石 小弟

具有不可思議的力量！

我從以前開始就旅行世界各地喔！

MAP

▶▶▶ 我的招牌特色就是地中海般的藍色！不過如果混雜了一點鐵，就會變得有點綠綠的喔。而且我非常敏感，很容易因為熱和光的影響就導致顏色改變呢。

▶▶▶ 人們把我製成飾品的歷史超過7000年，我在珠寶界也是資歷最深的。以前我就很受大家歡迎，常被拿來當作護身符。

基本資料

晶系 三斜晶系

光澤 玻璃／脂肪／樹脂光澤

硬度 5〜6

比重 2.9

主要生產國
伊朗、埃及、美國、比利時、澳大利亞

我是什麼樣的礦物？

雖然我的俗名叫做「土耳其石」，不過並不是在土耳其出生的喔。從前從前，我誕生於中東的西奈半島和伊朗一帶，後來被土耳其商人帶到遙遠的歐洲販賣，所以歐洲人才會這樣稱呼我。

大家有聽過「Turquoise blue（土耳其藍，又稱綠松藍）」嗎？ Turquoise是我的英文名字，而我那如地中海般的藍色就是一大招牌特色。這種藍色是我體內含有的銅所造成的。如果還有混雜鐵的話，會變得有點綠綠的。

我的身體裡有一些很細微的縫隙。當那些縫隙吸收了灰塵和油脂，或是受到熱和光的影響，都會害我褪色。

我大顯身手的地方！

最早用到我的裝飾品，出現於距今7000年前，是在中東地區發現的。我是目前發現的珠寶中，存在歷史最悠久的。也就是說，就連古代人也陶醉於我的美貌呢！現在，利用我做成的飾品不僅依舊受到女性歡迎，在男性之間也很有人氣喔。

而且，還有很多人相信我具有不可思議的力量。過去曾經流行把我當成護身符，祛除疾病和意外。而在伊朗，傳說只要看到映照在我身上的新月，就可以獲得幸福。

紅透半邊天的我，有件事情必須要提醒大家！很多店裡常見的綠松石，其實都是拿其他石頭來塗上顏料而已，大家購買前要多加注意喔！

我的朋友

蛋白石 小妹

蛋白石小妹是二氧化矽這種球狀小物質聚合而成的礦物。蛋白石內的原子排列並沒有秩序，算是礦物中的例外。隨著觀賞角度不同，看到的顏色也會產生變化，這一點就是她最大的魅力！品質好的礦物可以製成珠寶，而蛋白石小妹在日本是10月的誕生石喔。

在日本，綠松石是12月的誕生石。

輝石玉居士

日本的「國石」！

從很久很久以前
位高權重者的墓中，
出土了許多玉石。

▶▶ 被選為日本「國石」的
玉，主成分就是吾。

▶▶ 雖然和鑽石王子（→14
頁）互相摩擦的話會被刮
傷，但吾非常耐撞，甚至
強過鑽石王子。

▶▶ 出產吾的地區並不多，
不過新潟縣的糸魚川是
吾的知名產地之一呢。

基本資料

晶系	單斜晶系

光　澤　玻璃光澤

硬　度　■■■■■■■□□□
　　　　　　　　　　7

比　重　■■■□□□□□□□
　　　　　　　3.3

主要生產國
緬甸、日本（新潟縣
等）、瓜地馬拉、
俄羅斯、墨西哥

我是什麼樣的礦物？

你們聽過「玉」這種翠綠的珠寶嗎？日本2016年，將玉選為「國石」。從很久以前開始，玉就是十分受歡迎的珠寶，不僅在日本和中國，在墨西哥等中南美洲地區也是如此。玉的成分，其實有90%都是吾咧。

吾原先是白色的，因為混雜了鉻和鐵，於是變成了綠色。有些則是混雜鐵和鈦，變成了紫色。

吾的硬度雖然是7，但因為內部是由許多小結晶交纏形成的，所以非常耐撞。如果用鐵鎚敲打鑽石王子的話，他會碎裂，不過吾卻非常不容易碎裂，甚至可以把鐵鎚反彈回去咧。

在日本，玉跟祖母綠都是5月的誕生石喔。

我大顯身手的地方！

出產吾的地區並不多，不過日本是其中一個。日本玉的歷史非常悠久，最早出現於繩文時代，當時的人就會將玉加工成美麗且耀眼的珠寶了。

另外，還有「勾玉」這種加工成ㄷ字形的飾品。從繩文到彌生時代，而後到古墳時代都受到位高權重者的重視。古代日本在「玉文化」上早已開花結果。

過去人們也相信，玉蘊藏著神秘的力量。傳說在很久以前，日本有位名叫奴奈川姬的女神，治理今天新潟縣西南邊的一個小國，並且會使用玉來舉行儀式。而和這則傳說息息相關的新潟縣糸魚川，也正是吾的知名產地之一。

鋰電氣石的珠寶名稱叫作碧璽喔。

吾的朋友

鋰電氣石 小妹

鋰電氣石和吾一樣，都是綠色的珠寶。不過其實她不只有綠色，還有粉紅色和藍色等各式各樣的種類。還有一種外側是綠色、內側是粉紅色的結晶，在英文中稱作「Watermelon」，也就是西瓜的意思。

青金石妹妹

串珠和墜飾上常見的好夥伴！

古埃及人相信我具有驅魔的能力。

▶▶ 我是「青金石」珠寶的成分之一。雖然容易取得，不過一旦加入黃鐵礦小子（→68頁）就會變得十分昂貴喔。

▶▶ 顏色漂亮、加工容易，所以常常用在串珠和墜飾上。

基本資料

晶系 立方晶系	光　澤 玻璃光澤	主要生產國
	硬　度 ■■■■■■■□□□□□　5～5½	阿富汗、俄羅斯、
	比　重 ■■■□□□□□□□□□　2.4	智利、阿根廷

※ 一般珠寶所稱的「青金石」（Lapis Lazuli）包含了多種礦物，此處的「青金石」（Lazurite）則是礦物學的名稱，又稱「天青石」。

我是什麼樣的礦物？

我是「青金石※」這種岩型珠寶的主要成分喔。顏色是非常深的群青色，經常讓人聯想到天空與海洋。

過去只有在阿富汗某個海拔 3000 公尺的礦山才開採得到的我，算是一種非常稀有的礦物。所以在古埃及，我可是比黃金更有價值呢。現在其他地方也開採得到了，而且 1990 年代，人們在阿富汗境內發現大量青金石，所以取得難度也降低了不少。想必現在我已經是大家非常熟悉的礦物了吧。

有時候，我的體內會混入一些金色的黃鐵礦小子，使我看起來像星空一樣美麗，也比只有藍色的種類更昂貴喔。

因為金色和青色十分漂亮，所以才命名為「青金石」。

我大顯身手的地方！

我的質地柔軟、容易加工，所以常常會用於串珠和墜飾上。大家有沒有在雜貨店裡看過做成串珠的我呢？

而且從以前開始，我就被廣泛運用於各種地方喔。在古埃及，人們相信我有驅魔的力量，所以圖坦卡門法老木乃伊的黃金面具上，就有把我裝飾在上面。

在中古歐洲，有人將我製成一種名為「群青」的顏料。畫家維梅爾的知名畫作〈戴珍珠耳環的少女〉中，少女的頭巾就使用了這種顏料，這件事廣為人知呢。

傳進日本的青金石也稱作「琉璃」。

我的朋友

天河石 小弟

藍綠色、帶有大理石花紋的美麗天河石小弟，也常被加工製成串珠和墜飾喔。天河石又稱作「亞馬遜石」，有他出現的地方，也經常可以找到黃玉大神（→21頁），所以也有人說天河石小弟是「黃玉的路標」。

琥珀爺爺

樹液形成的有機礦物！

> 我是穿梭了久遠時光的時光膠囊。

▶▶ 我是好幾千萬年前的樹液所形成的化石，屬於有機礦物。有些琥珀的體內還包著那個時期的昆蟲或植物呢。

▶▶ 我常被運用在古色古香的飾品上。俄羅斯的凱薩琳宮裡頭，有個整間牆壁都是用我做成的房間喔。

基本資料

晶系	非晶質
	不屬於結晶

光　澤 樹脂光澤

硬　度 ■■□□□□□□□□
2～2½

比　重 ■□□□□□□□□□
1.1

主要生產國
波蘭、俄羅斯、立陶宛、多明尼加、法國、日本（岩手縣等）

我是什麼樣的礦物？

松樹和杉樹等樹木的樹液埋進地底，經過幾千萬年的漫長歲月變成了化石，也就形成了琥珀我本人。自樹木這種生命體產生的礦物，就稱為「有機礦物」。

我還是樹液的時期，差不多介於恐龍還很多的中生代，一直到恐龍滅絕、哺乳類繁盛的新生代之間。所以我體內有時候也封存著那些時期的昆蟲、葉子碎片、或是鳥的羽毛，甚至有些可能是現在已經絕種的生物呢！簡直就像時光膠囊一樣。

對了，有一種幾萬年前的樹液凝固形成的東西叫「柯巴脂」，和我可是完全不一樣的東西喔。

岩手縣久慈市是知名的琥珀產地，聽說可以開採到大約9000萬年前的琥珀呢。

我大顯身手的地方！

剛從地底挖出來的時候，我是呈現明亮的枯褐色，隨著接觸到空氣，顏色會越來越濃。因為具有這種暗沉的顏色，而經常被人們拿來用在古色古香的飾品上。

不過，我非常柔軟、容易損傷，收起來的時候要注意別擦到、碰到堅硬的東西喔。

我從很久以前就受到人們喜愛，俄羅斯的凱薩琳宮裡頭有一間「琥珀廳」，牆壁和裝飾品全都是用我做成的。凱薩琳宮落成於1770年，當時的女皇葉卡捷琳娜二世對那間琥珀廳可是寵愛有加呢。真是令人懷念呀。

水銀是液體，所以好像沒辦法測量「硬度」喔。

我想更加了解礦物！

琥珀和水銀

一般來說，礦物指的是自然生成的無機物結晶。我本來是樹木，也就是生命體所產生的樹液，所以並非無機物，屬於有機物。然而我是因為受到地底的某些作用變成現在這個樣子，所以才特例被當成礦物看待。「水銀」這種金屬在常溫下是液體，倒也稱不上結晶，但由於是自然生成的，所以人們也視水銀為礦物喔。

對生活大有用處的

石墨老弟

石英妹妹

鋰雲母姊姊

孔雀石叔叔

　　礦物能大顯身手的舞台，絕對不是只有珠寶而已。外觀漂亮的礦物也好、不怎麼起眼的礦物也好，都會在你意想不到的地方發揮用處喔！這裡出現的各種礦物，都是人們生活中不可或缺、一肩扛起重要任務的礦物。

　　大家在寫字的時候，會用什麼東西呢？相信一定有用到鉛筆的時候吧。鉛筆的筆芯，其實就是以一種名叫石墨的礦物製成的。不光是鉛筆，有些顏料也是用礦物做成的喔，像孔雀石的綠色就可以拿來製成顏料。還有還有，有些礦物對時鐘可是大有用處呢。時鐘之所以有辦法走在正確

礦物

天青石小朋友

鈦鐵礦阿弟

赤鐵礦大哥

自然金先生

自然銀小姐

的時間上，就是石英的功勞。行動電話、筆記型電腦，則有鋰雲母、自然金、自然銀的鼎力相助。從鋰雲母身上取得的鋰可以用於電池，而自然的金、銀則有助於電流流動得更順暢，所以也常常用在電子零件上。赤鐵礦和鈦鐵礦分別是鐵金屬和鈦金屬的原料，替建築物和飛機的骨架貢獻了一份心力。天青石裡頭提煉出的鍶，可是煙火的原料呢，想不到吧？

就像前面提到的，每種礦物都擁有其他礦物所沒有的獨特性質。只要適材適用，就可以變成各式各樣的工具和技術。我們是怎麼樣在大家的生活中幫上忙的呢？趕快接著看下去吧！

石墨 老弟

我雖然漆黑又柔軟，
不過非常耐熱喔。

和黏土混合就可以做成鉛筆芯！

▶▶ 我和鑽石王子（→14頁）一樣，都是由碳所組成，不過不管外表還是性質，我全都和他相反。這是因為我們兩個的原子排列組合方式不一樣的關係。

▶▶ 我最有名的用處就是鉛筆芯了。不過其他像是耐熱容器、電池等也都有我表現的機會喔。

基本資料

晶系 六方晶系

光　澤　金屬光澤、土狀光澤

硬　度　■■□□□□□□□□□
　　　　1～1½

比　重　■■■□□□□□□□□
　　　　2.2

主要生產國

墨西哥、馬達加斯加、印度、中國、俄羅斯、巴西

我是什麼樣的礦物？

構成我的元素，就只有碳1種而已。對，沒錯，我和那個閃閃發亮、堅硬無比的鑽石王子是由相同元素構成的！不過我不僅一身黑、一點也不透明，而且十分脆弱、柔軟，摸到還會害你的手沾上黑黑的粉，和晶瑩剔透、堅硬的鑽石王子完全相反。你問我為什麼？那是因為我們體內的碳原子排列組合方式不一樣。

鑽石王子的碳原子是立體又緊密的結構，我則是平面，而且原子之間的連結也比較弱。

可是我也有一些不輸給鑽石王子的地方喔。我跟他不同，即使在高溫環境下，也不容易燒起來。

石墨還具有容易導電的特質喔。

我大顯身手的地方！

雖然外觀看起來不漂亮、又不堅硬，但還是有很多能活用我特色的地方。

比方說，大家使用的鉛筆芯，就是將我還有黏土混合之後製作而成。把我拿去跟紙張摩擦，我會慢慢碎掉，變成黑黑的粉粒。而這些粉粒沾在紙上，就可以畫出黑色的線條。我那光滑的表面用於製作鉛筆芯也十分合適。

我具有不易燃的性質，所以還可以做成耐熱容器，拿來裝熔化的金屬。即使碰到高溫下熔成紅通通濃稠狀的鐵，我也完全不會有事。還有，我很容易導電，所以也會拿來用在電池和路燈的零件上。

我雖然不起眼，卻處處派得上用場呢！

我想更加了解礦物！

形成鑽石還是石墨的分歧點

礦物形成的方式，和溫度以及壓力有密不可分的關係。像鑽石王子這種原子之間具有強力連結的礦物，首先其成分必須蘊藏於地底深處 —— 高壓高溫的岩漿之中，之後隨著火山爆發，一口氣衝出地表時急速冷卻、凝固，才有可能形成。如果壓力太低，是不可能變成鑽石王子的。而當冷卻過程太緩慢，原子之間的連結就會像石墨我一樣鬆弛。我和鑽石王子這種雖然是同樣成分、卻因為原子排列組合方式不同而形成不同形體的現象，稱作「同質異像（多形）」。

孔雀石 叔叔

會拿來做成漂亮的綠色顏料！

日本畫的畫家非常愛我喔。

▷▷ 這種鮮豔的綠色就是銅鏽的顏色。不覺得很像孔雀的羽毛嗎？

▷▷ 我是由大小不一的結晶顆粒所構成的層狀結構，所以身上才會有條紋。

▷▷ 人們將我美麗的顏色運用在日本畫的顏料上。

基本資料

晶系 單斜晶系

光　澤 鑽石／絲綢／土狀光澤

硬　度 ■■■■□□□□□□ 3½～4

比　重 ■■■■□□□□□□ 4.0

主要生產國
納米比亞、剛果、俄羅斯、中國、澳大利亞

34

我是什麼樣的礦物？

我自豪的地方，就是這身有如孔雀羽毛的條紋，還有鮮豔的綠色了。你們知道銅生鏽會變成什麼顏色嗎？我的綠色，就是銅鏽的顏色喔。含有大量銅的其他礦物受到空氣與地下水影響而鏽蝕後，我就誕生了。

像我這種從原本的礦物變化而成的礦物，稱作「次生礦物」。換句話說，我就是銅的次生礦物。

我是由許多小結晶顆粒聚集而成的，而這些結晶顆粒之中，較大的聚集在一起顏色就會較深，而較小的聚集在一起顏色則會較淺。這些大小結晶層層堆疊，造就了我身上的條紋。

深綠色和
淺綠色交錯形成
的模樣真漂亮！

我大顯身手的地方！

我的身體柔軟、容易刮傷，所以不適合做成珠寶。但過去人們會把我磨成粉，做成日本畫的顏料喔。江戶時代的畫家尾形光琳所繪製的屏風〈燕子花圖〉裡燕子花的葉片，就是用我的粉畫的。

我的粉也曾被拿來做成化妝品使用喔。聽說埃及豔后就曾用我當作眼影呢。

還有，過去俄羅斯開採出非常多的我，而皇帝尼古拉一世就在宮殿裡打造出一間「孔雀石廳」送給王妃。這個房間用了2噸的我，非常奢華，現在那裡已經變成美術館了，所以大家都可以去前去參觀喔。

我的朋友

藍銅礦小妹（左）　**硃砂**小妹（右）

藍銅礦小妹和我一樣屬於銅的次生礦物，呈現非常深的群青色，可以做成一種名為「Mountain Blue」的顏料。硃砂小妹的特徵則是她鮮豔的朱紅色，一直以來都會用在日本神社的鳥居塗料上。用於顏料的礦物有很多種，這些由礦物製成的顏料，也稱作「礦物顏料」。

聽說藍銅礦也用在
屏風〈燕子花圖〉
的燕子花上。

石英妹妹

我有各種不同的顏色喔。

我長大就會變成水晶！

▶▶ 我的小結晶常常會藏在岩石和沙子裡頭喔。

▶▶ 石英結晶一般是透明無色的，可一旦混雜了其他物質，顏色就會有所改變。

▶▶ 說到我最派得上用場的地方，就是時鐘了呢。因為對我通電的話，我就會以固定的頻率規律地振動。

基本資料

晶系 三方晶系

光澤 玻璃光澤

硬度 ■■■■■■■□□□ 7

比重 ■■■□□□□□□□ 2.7

主要生產國

巴西、烏拉圭、波札那、南非、日本（山梨縣等）

我是什麼樣的礦物？

我是由二氧化矽所構成的礦物，常有很多小型結晶混在岩石和沙子裡面，可以說是隨處可見的礦物喲。當我長大成肉眼可見的大小時，就稱作「水晶」了。大家有聽過吧？六角柱形狀的漂亮水晶可是大有人氣喔。

一般來說，我就像玻璃一樣透明無色，不過有時混入了其他物質，也會使我帶有一些顏色。含鐵會變成紫色的「紫水晶」、混雜鈦之類的元素就會變成粉紅色的「粉晶」。除此之外，假如對紫水晶加熱，紫水晶就會轉變成黃色的「黃水晶」。我的顏色千變萬化呢。

還有一種奇怪的「水膽水晶」，是裡頭包著水的水晶喔。

我大顯身手的地方！

如果對我通電，我就會規律且快速地振動。所以人們利用這項性質，將我用在石英鐘錶的零件上。我的規律振動可以幫助指針走在正確的時間上。

不光是時鐘，電腦、行動電話的電路也裝著我喲。因為我的振動非常精準，所以可以用來捕捉電子訊號。不過現在大多都使用人工的石英就是了。

關於我，還有一件很久很久以前的事蹟，在玻璃還沒出現的時代，人們也會把我做成透鏡和眼鏡呢。因為我的身體非常透明，才會衍生出這些用途。

當然，結晶結得特別美麗的我，也經常會被做成飾品或室內裝飾品等等喔。

我想更加了解礦物！

愛心型的水晶太夢幻了！

愛心型的石英結晶

當兩顆結晶相黏在一起並持續成長，最後變成一個符合規律形狀的結晶，稱作「雙晶」。雙晶的型態有很多種，其中有一種類型稱作「日本律雙晶」。日本律雙晶中，愛心型的結晶尤其有名，也很受歡迎。順帶一提，過去日本的山梨縣出產相當多品質優良的水晶，但現在幾乎已經開採不到了。

鋰雲母 姊姊

含有大量的鋰！

我的表面就像魚鱗一樣，所以也有人叫我「鱗雲母」。

▶▶ 我是雲母的一分子。雲母有很多種顏色，而我帶有淡淡的紫色和粉紅色。

▶▶ 從我身上分離出來的鋰可以用在電池上，我對電腦和行動電話也有很大貢獻喔。

基本資料

晶系 單斜晶系

光　澤 珍珠光澤

硬　度 ■■■□□□□□□□
2½～3½

比　重 ■■■□□□□□□□
2.8～2.9

主要生產國
馬達加斯加、澳大利亞、
巴西、瑞典、美國

我是什麼樣的礦物？

我是雲母的一分子，特徵是含有大量的鋰元素。我們雲母的結晶很容易一片片剝落，所以在日本還有「千枚剝」的別名。這是因為我體內的原子層層交疊，層與層之間的連結力量很弱的關係。

人們發現我的時候，我大多呈現魚鱗般的模樣，所以也被稱作「鱗雲母」。另外，雲母分成很多種顏色，我個人是帶有淡淡的紫色和粉紅色。

我體內的鋰元素大多會和某些東西結合在一起，導致很難取得單純的鋰，所以鋰也被歸類在「貴重金屬」（→43頁）之中。

> 竟然長得像魚鱗，真好玩！

我大顯身手的地方！

從我體內提煉出來的鋰，可是最近的熱門元素之一喔！

鋰可以拿來製作非常輕巧的硬幣型鋰電池，用於電腦等電器上。除此之外，還可以製作鋰離子電池這種可充電、壽命長、能提供大量電力的電池。這種電池就用在行動電話和筆記型電腦上喔。大家在無意間，都受了鋰不少照顧呢。

我們雲母非常耐熱，且不導電，所以我們的夥伴之中，有些透明的結晶會安裝在煤油暖爐的小窗口上，也會作為絕緣體用在電子零件上。

> 鋰雲母和方鉛礦都已經是我們生活中不可或缺的原料了。

我的朋友

方鉛礦先生

方鉛礦先生由鉛和硫組成，是取得純鉛所需的重要礦物。鉛可是在製作汽車電瓶時的重要原料喔。除此之外，以前的人會拿鉛在紙上摩擦來書寫，這也是「鉛筆」這個名稱的由來。

自然金先生 自然銀小姐

自然金先生 自然銀小姐

黃金和白銀的光輝是不是閃閃動人啊？

第一名、第二名的象徵！

▶▶▶ 我們不光是外表美麗，質地也軟、又容易加工，所以自古以來就被做成飾品和餐具喔。

▶▶▶ 製作筆記型電腦和行動電話等電器的零件時，也有我們出場的機會。想不到吧？

基本資料

晶系 都是立方晶系

光澤 都是金屬光澤

硬度 都是2½

比重 金：19.3　銀：10.5

主要生產國

自然金：中國、美國、澳大利亞、南非

自然銀：墨西哥、中國、秘魯、澳大利亞

我是什麼樣的礦物？

奧運上，得第一名的人會拿金牌、第二名則是拿銀牌，沒錯吧？我們就是用來製作那些亮晶晶獎牌的礦物喔。如果是從大自然中開採到我們，我們的名字前就會冠上「自然」兩個字。

自然金先生可以自岩石中找到，而另一種沉積在河底的，則稱作「砂金」。由於金和其他的物質不容易產生反應，所以可以長久維持金黃色的光輝。而且經過敲打還可以延展，加熱就能融化，十分容易加工。

自然銀小姐則不太容易於自然界中發現，因為銀經常以和其他物質共存的形式存在。銀也很容易加工，不過也容易跟其他物質產生反應，接觸到空氣的話會使表面變得暗沉。

我大顯身手的地方！

人們從以前開始，就會拿我們這種閃閃發亮的礦物來製作飾品和貨幣。銀製餐具也非常受歡迎呢。

不過，其實我們表現的舞台可不只這些地方喔。我們兩個都非常容易導電，所以也很適合用在筆記型電腦和行動電話、相機等電子產品的零件上。有沒有嚇一跳？不過因為用我們製作電子零件的成本太高，所以大多會用導電性不輸我們的銅來代替。

還有還有，因為人們認為銀具有殺菌效果，所以也出現了以極小的銀離子來除菌、除臭的噴霧。

金、銀不僅容易導電，也容易導熱喔。

我們的朋友

自然銅先生

自然銅先生會用來製作代表第三名的銅牌。他是質地柔軟、容易加工的礦物，所以人們從很久以前開始就學會加以利用。最近也因為他的導電性十分優良，而使用在汽車和工廠的馬達上喔。

赤鐵礦大哥

超受歡迎的鋼鐵原料！

因為我的身體紅通通的，所以有人叫我「赤血石」。

▶▶ 大哥我啊，和鐵鏽的成分相同。結晶的外表有很多種，其中也有一些是像鏡子般光鮮亮麗的結晶。

▶▶ 是用來提煉鐵的常見礦物。很多地方都會使用到鐵，像是建築物的骨架，還有汽車等等。

基本資料

晶系 三方晶系

光澤 金屬光澤、土狀光澤

硬度 ■■■■■■□□□□ 5～6

比重 ■■■■■□□□□ 5.3

主要生產國
中國、澳大利亞、巴西、美國、加拿大

我是什麼樣的礦物？

我是鐵的氧化礦物。你們有沒有看過鐵生鏽而變紅的樣子呢？我的成分和顏色就跟那些鐵鏽一模一樣。因為這種顏色很像血液的顏色，所以我的英文名稱就取作希臘語中帶有「血之石」意思的「Hematite」。血液裡面其實也含有鐵喔。

在我的兄弟當中，也有一些跟鏡子一樣光亮的結晶，就叫作「鏡鐵礦」。有一些鏡鐵礦會由板狀結晶聚集在一塊，形成花瓣般的模樣。這種結晶又有「鐵玫瑰」的稱號。

還有一種外表黑黑的赤鐵礦，拿去照光或磨成粉的話，就可以看出「血之石」的血紅色特徵喔。

我大顯身手的地方！

我的身體有70%是鐵，而且全世界都可以大量開採到，所以我作為提煉鐵的原料礦物，可是非常忙碌的。

你們身邊有很多用到鐵的東西，像學校校舍、公寓的骨架一定都有用到鐵。其他像是汽車和護欄、冰箱以及平底鍋……用到鐵的例子多到舉不完。

至於我的顏色也很有用處喔。我可以用來做成一種叫「弁柄（Bengala）」的紅褐色顏料，把這種顏料塗抹在木材上，不僅可以替木材染上別具風情的紅褐色，也可以避免木材腐爛、延長使用壽命。

鐵的原料礦物
就叫作「鐵礦」。

 **我想更加了解礦物！**

貴重金屬和卑金屬

大家有沒有聽說過「貴重金屬」呢？意思就是「稀有珍貴的金屬」。這些金屬要不就是地球上的含量少，要不就是提煉的技術太過複雜。鋰雲母姊姊（→38頁）體內含有的鋰同樣是貴重金屬的一員。與之相對，像我這種有大量需求、並且有辦法大量取得的金屬，則稱作「卑金屬」。

鈦鐵礦 阿弟

輕盈又堅固的鈦金屬原料！

不僅地球上有我，月球上也有喔。

▷▷ 我是擁有金屬光澤的礦物，結晶顆粒的顏色和磁鐵礦小姐（→70頁）很像，不過只要拿磁鐵來測試，馬上就能分辨出誰是誰了。

▷▷ 從我體內提煉出來的鈦重量輕、硬度高，常會用來打造飛機和潛水艇。

基本資料

晶系 三方晶系

光　澤　金屬光澤

硬　度　■■■■■■□□□□□
　　　　5～6

比　重　■■■■■□□□□□□
　　　　4.7

主要生產國
澳大利亞、中國、印度、南非、巴西、加拿大

我是什麼樣的礦物？

我是一身漆黑，看起來帶有金屬般光澤的礦物。由鈦、鐵和氧所組成。

我常待的地方是花崗岩和變質岩之中，而我和磁鐵礦小姐也常常一起出現在這兩種岩石風化而成的沙子中。我和磁鐵礦小姐的結晶顆粒顏色非常像，但只要拿磁鐵測試一下，馬上就能分辨出誰是誰了。磁鐵礦小姐具有很強的「磁性」，會像鐵釘一樣吸附在磁鐵上，不過我的磁性就很弱，所以不會被磁鐵吸住。

除此之外，人們發現月球上也找得到我喔！這是透過在宇宙觀察各種天體的哈伯太空望遠鏡發現的。

結晶為六角形的平整桌面狀。

我大顯身手的地方！

我是用來提煉鈦金屬的重要礦物。雖然各處都能發現我的蹤跡，不過因為我體內的鈦和氧緊密連結在一起，所以想要從我體內取出鈦可得費上一番工夫。也因此，鈦才會列入貴重金屬之一。

鈦的重量雖輕，卻相當堅硬。而且不易生鏽又耐高溫，所以金屬製品中特別重要的部分也常常會用到鈦。好比說飛機的機體，還有骨架、零件與零件之間接合的部分，必須要使用非常堅固的材料才行，所以也大多會使用到鈦。另外，潛入深海的潛水艇也會使用到鈦。因為越往下潛，水的壓力就越大，這時鈦堅固的性質就派上用場了。

我的朋友

三水鋁石 小妹

三水鋁石小妹是含有鋁的礦物，在多種礦物聚集的鋁礬土之中，就有大量的三水鋁石小妹存在。鋁是一種重量輕、容易加工的金屬，所以被廣泛運用於各種方面，如鋁罐、鋁門窗、腳踏車車體等。

輕巧的腳踏車不僅方便騎乘，騎起來也很舒爽吧！

天青石 小朋友

會結出天藍色的結晶！

> 大家之所以能看到鮮紅的煙火，其實是我的功勞喔。

▶▷ 由於結晶呈現天空一樣的藍色，所以才有「天青石」這個名字。

▶▷ 我是用來提煉鍶的礦物。鍶燃燒會放出鮮紅的火焰，所以會拿來製作煙火。

▶▷ 在馬達加斯加，發現了我又大又美的結晶喔。

基本資料

| 晶系 | 斜方晶系 |

| 光澤 | 玻璃光澤 |

硬度 ■■■□□□□□□□
3～3½

比重 ■■■■□□□□□□
4.0

主要生產國
馬達加斯加、義大利、墨西哥、美國、波蘭

我是什麼樣的礦物？

「天青石」這個名字很美對不對？由於人們一開始發現的結晶是呈現宛如晴空般的水藍色，所以我才會有這個名稱。我的結晶普遍呈現淡淡的藍色或是透明，不過偶爾也會出現帶有一點灰色的結晶。

找到大型結晶時，型態大多是板狀和柱狀，不過也有發現小顆粒和細繩狀的結晶型態。位於非洲的島國——馬達加斯加，島上的沉積岩中存在一種稱作「結核」的堅硬球狀物，裡頭就發現有很多我的漂亮結晶喔。在日本，也有找到細繩般的結晶，不過量不多。

對了對了，有件事我忘了說，我的主要成分是鍶元素喔。

我大顯身手的地方！

我的外表雖然是藍色，但把從我體內提煉出來的鍶丟進火裡燃燒的話，火焰的顏色就會變成鮮紅色的呢。從我藍色的身體中，竟然能取出讓火焰呈現紅色的物質，不覺得很有趣嗎？

這種燃燒時火焰會出現特定顏色的現象，稱作「焰色反應」。鍶之所以用在煙火上，就是運用了這種性質。產生特殊焰色的物質還有很多，比如說銅燃燒會產生綠色火焰、鈣燃燒會產生橘色火焰、鋇燃燒則會呈現藍色。煙火璀璨繽紛的秘密，就是這麼一回事。

我的結晶顏色雖然漂亮，不過由於質地柔軟、很容易損傷，所以不太會拿來用在飾品上。

我的朋友

自然硫妹妹

結晶為黃色的自然硫妹妹，是火山活動下產生的礦物。日本的火山很多，所以自然硫也很多。硫非常易燃，因此會用在火柴上。不過最近在提煉石油的過程中也會順帶製造出硫，所以後來就越來越不常拿自然硫妹妹身上的硫來用了。

聽說在過去，日本出口了很多自然硫呢。

用在人身上的礦物

白雲母 姊姊

岩鹽 媽媽

白雲石 先生

提到礦物，大家是不是覺得全都是肉眼可見、可以拿在手上，又大塊又硬梆梆的東西呢？不過也有一些礦物會變成很小很小的顆粒，在人的體內和皮膚上發揮功用喔。就像出現在這裡的我們。

岩鹽是陸地上可取得的天然食鹽，雖然日本大多是使用海水製成的食鹽，不過世界上有許多國家都會使用岩鹽喔。其他還有不少在人們體內守護著大家身體健康的礦物，像是白雲石裡頭含有鈣與鎂，可以製成營養補給品，幫助人們強健骨骼。而有些礦物，則是在人們的皮膚上找到表現

重晶石小朋友

鋯石醫生

滑石寶寶

石膏小弟

自己的機會。白雲母具有溫和光澤，磨成柔軟且滑順的粉末就可以做成粉底，讓皮膚看起來更漂亮。摸起來平滑又舒服的滑石，常用來製作嬰兒爽身粉。還有一些是在醫院發揮所長的礦物呢！人們會從鋯石之中取出鋯並合成二氧化鋯，作為補牙粉和假牙的原料。而骨折時會打的石膏，是以一種同樣叫石膏的礦物為原料製作而成的。至於腸胃檢查時要喝的鋇顯影劑，則是以重晶石為原料製成的呢。

　　這一章節，就要來介紹對各位的身體有幫助的礦物喔。

岩鹽媽媽

我在全世界的餐桌上大顯神通喔。

可以用來製作食鹽！

▶▶ 我並非來自海洋，而是從大地上取得的鹽分，是人們的飲食生活中不可或缺的礦物喔。

▶▶ 不耐濕，所以保存時記得要放在乾燥的環境。

▶▶ 我不僅被用來製作食鹽，於雕塑以及吊燈上也大放異彩呢！我在「維利奇卡鹽礦」等大家來玩喔。

基本資料

晶系 立方晶系

光　澤 玻璃光澤

硬　度 ■■□□□□□□□□
2

比　重 ■■■□□□□□□□
2.2

主要生產國
美國、德國、澳大利亞、玻利維亞、法國

我是什麼樣的礦物？

大家聽了可能會有點意外，其實也有一些礦物是可以吃下肚的喔。而這種礦物的代表，就是我岩鹽了。

我是海水中的鹽分形成的結晶，不過並不存在於海中，大多出現在很久以前曾經是海，後來被太陽曬乾而形成的沉積岩裡頭。

我的結晶形狀為立方體，顏色大多呈現白色或透明，不過有些成分混雜在我體內，也會使我帶有一點藍色或紅色的色調。

不瞞你們說，我有一個弱點，就是濕氣。如果把我放在濕度很高的地方，我會慢慢溶解的。所以拜託大家，保存我的時候記得放在乾燥的環境喔。

竟然有可以吃的礦物，嚇了我一大跳！

我大顯身手的地方！

日本人使用的食鹽大多是透過蒸發海水來取得的，不過世界上有許多地方都會用我來製作食鹽喔。像法國和德國等許多歐洲國家、還有美國等地方，就有不少出產我的礦山。

除了食鹽以外，我的出場機會還有很多，甚至成了世界遺產呢！很久以前，波蘭的「維利奇卡鹽礦」（Wieliczka Salt Mine）是開採我的礦坑，現在裡面放了用我做成的鹽雕和吊燈。如夢似幻的風景，讓許多觀光客看得心滿意足。

除此之外，也有人會把我加進浴缸，放鬆地泡個澡，期望達到滋潤肌膚、養顏美容的功效呢。

岩鹽做成的雕塑和吊燈啊，聽起來真美！

我的朋友

明礬 婆婆

大家有沒有在食品材料行裡面，看過一種標示「明礬」的粉末呢？明礬婆婆的成分就跟那種粉末一樣，是一種會形成天然結晶、貨真價實的礦物喔。且明礬婆婆易溶於水，可以用來沾在東西表面避免褪色。不過，現在店裡面賣的都是人工製造出來的喔。

白雲石先生

可以做成營養補給品！

外表雖不起眼，但談到健康成分，我可是很有自信呢！

▶▶ 我的顏色雖然不怎麼鮮豔，但偶爾還是會形成一些漂亮的結晶喔！

▶▶ 我可以做成鈣和鎂的營養補給品，對於想強健骨骼的人或許會很有幫助！

▶▶ 我還可以變成水泥的材料，在建築工地大大發揮效用喔！

基本資料	晶系 三方晶系		
		光　澤	玻璃光澤、珍珠光澤
		硬　度	■■■■□□□□□□ 3½～4
		比　重	■■■□□□□□□□ 2.9

主要生產國

澳大利亞、巴西、日本（栃木縣等）、西班牙、納米比亞

52

我是什麼樣的礦物？

我是主要由鈣和鎂構成的礦物喔！

我的顏色有無色、白色和灰色，如果有混到鐵或錳，也會變得有點黃或紅紅的。但無論如何，都不是可以製成珠寶的礦物就對了。只不過，偷偷告訴你們，我有時候還是會結出非常漂亮的結晶喔！晶瑩剔透的菱形結晶聚在一塊，連我本人都不禁覺得自己挺漂亮的呢。

而且「白雲石」這個名字感覺也很美對不對？不過跟大家講一件事喔，我的英文名字叫 Dolomite，是為了要紀念發現我的法國礦物學家德多羅米厄（Déodat Gratet de Dolomieu），所以我也很喜歡這個名字。

日本也開採得到白雲石，尤其以栃木縣的葛生地區最為知名。

我大顯身手的地方！

雖然我看起來不怎麼花俏，但就健康層面而言，我倒是有一些自豪的地方喔。

不瞞你們說，我扮演著營養補給品的角色，為人們的健康貢獻了一份心力。我體內的鈣鎂含量比為 1 比 1，這些元素都是形成骨質所需的營養，對於想強健骨骼的人或許會有所幫助！

我也是水泥的原料之一。將我敲碎，用高溫燒過之後加水混合，然後再加入大量的沙子攪拌均勻，就可以做成水泥了！用了我的水泥不僅耐火燒、隔音效果也好，而且顏色還很雪白，不容易泛黃。建築工地也很常有我的出場機會喔！

我的朋友

方解石 老兄

方解石老兄主要是由鈣所構成，和我一樣都會被用來製成營養補給品喔！除此之外還有製作水泥、石材等，用途十分廣泛。有趣的是，如果把方解石的透明結晶蓋在文字上，就會看見上下兩層文字。方解石的硬度是3。

居然可以看見兩層文字，真好玩！

白雲母 姊姊

用在化妝品上！

歡迎大家利用我，
讓自己變得更漂亮喔。

▶▶ 我是雲母的一分子，結晶
一樣很脆弱，容易剝落。
也有一些比較小的結晶，
那些結晶就稱作「絹雲
母」。

▶▶ 人們利用我珍珠般的光澤
以及結晶的柔軟性來製作
粉底，可說是非常受歡迎
呢。

基本資料

晶系 單斜晶系

光澤 玻璃光澤、珍珠光澤

硬度 2½〜4

比重 2.8

主要生產國
日本（愛知縣等）、
巴西、美國、俄羅斯、
印度

我是什麼樣的礦物？

我和鋰雲母姊姊（→38頁）一樣，都屬於雲母礦物的一分子。所以我們的結晶很薄，容易剝落。我的結晶就如同我的名字，大多呈現白色或無色，不過如果有混雜其他物質時，也可能帶有一點黃色和粉紅色喔。

在我的體內還有一種呈現細小顆粒狀的「絹雲母」。絹雲母主要可以在日本的愛知縣開採到，具有絲綢一般的光澤。

還有，有時候我的結晶模樣就像是好幾片星星堆疊在一起，看起來閃爍著微微的光輝，非常動人。這種結晶叫作「星型白雲母（Star Mica）」，Mica就是雲母的英文名稱唷。

星型白雲母主要
產於巴西。

我大顯身手的地方！

人們會拿我來製作粉底，可以讓臉部肌膚看起來更漂亮。將我磨成細粉之後，我的表面就會變得更加柔滑，可以和肌膚自然貼合，像緊緊吸住一樣。由於我具有珍珠般的柔和光澤，所以能讓肌膚看起來更加美麗。

我們雲母的光澤，經常被運用在各種地方。舉例來說，汽車的車體不是看起來亮晶晶的嗎？那是因為塗料之中混入了我們細緻的粉末。還有日本畫中有一種叫作「kira」的顏料，就是將雲母搗成粉末製成，帶有美麗的光澤。以前的日本人稱呼雲母為「kira」、「kirara」，都是日文中「閃閃發亮」的意思。

我的朋友

蒙脫石阿姨

蒙脫石阿姨是黏土中所含有的一種礦物。蒙脫石結晶若含有水分就會膨脹喔。據說含水的蒙脫石阿姨具有吸附微小細菌和汙垢的性質，所以會拿來製成洗面乳、面膜、化妝水等化妝品，可使大家的肌膚變得更水嫩喔。

也就是說，
白雲母和蒙脫石都是
有美容功效的礦物呢！

滑石寶寶

世界上最軟的礦物！

我可以讓你的皮膚變得滑滑嫩嫩的唷。

▶▶ 我是所有礦物之中最軟的唷。連用指甲輕輕一刮，都會產生刮痕呢。

▶▶ 我是一種光滑的礦物，摸起來真的很舒服唷。

▶▶ 我又軟又滑的性質常常運用在嬰兒爽身粉上唷！

基本資料

| 晶系 | 單斜晶系、三斜晶系 |

| 光 澤 | 脂肪光澤、珍珠光澤 |

| 硬 度 | ■□□□□□□□□□ 1 |

| 比 重 | ■■■□□□□□□□ 2.8 |

主要生產國
墨西哥、智利、美國、澳大利亞

我是什麼樣的礦物？

由於我的身體非常柔軟，所以連用指甲輕輕一刮，都很容易產生刮痕。我的硬度是1，是所有礦物裡面最低的。因為我摸起來滑溜溜的，所以好像也有人叫我「soapstone（皂石）」的樣子。

我在變質岩內的結晶像草的葉子一樣，扁平又細長，也有一些是細小顆粒聚集成一體的模樣。我的顏色除了白色和灰色之外，也有一些會帶有淡淡的綠色唷。

希望大家有機會的話，可以摸摸看我那像小寶寶一樣滑滑嫩嫩的表面。

到底有多滑嫩啊？
好想摸摸看！

我大顯身手的地方！

大家知道灑在小寶寶身上的嬰兒爽身粉嗎？有些成分表上會標示「滑石粉（talc）」，其實talc就是我的英文名字。人們會把我做成細細的粉末，用在嬰兒爽身粉上唷。

只要把加了我滑溜溜粉末的嬰兒爽身粉抹在身上，就會讓皮膚變得滑滑嫩嫩的唷。

我還有吸汗的效果，不過不是把水分吸進我粉狀的身體裡面唷。我會讓水分進入粉末和粉末之間的空隙，然後水分就會慢慢蒸發掉了。不過不可以把我抹在濕答答的皮膚上唷！那樣不只無法幫助水分蒸發，還會讓濕掉的粉末塞住毛孔呢。

我想更加了解礦物！

同樣叫「滑石」，
卻是完全不同的礦物，
真複雜耶。

中藥和礦物

具有藥效的植物、動物和礦物，中醫稱之為「生藥」。生藥經過妥善調配，製成對付各種疑難雜症的藥物，就成了「中藥」。大家身邊有沒有吃中藥的人呢？其實用來調製中藥的生藥裡面，有一種叫作「滑石」的礦物，那和我是不一樣的東西。雖然是同樣叫作「滑石」的礦物，成分卻不一樣唷。

錯石 醫生

牙醫的一大法寶！

如果缺了牙、或是得了蛀牙，就放心交給我處理吧。

▶▶ 我是質地堅硬的沉重礦物，雖然是從火成岩中誕生，但也常常密集出現在河川的砂礫中喔。

▶▶ 利用我體內的鋯，可以做出二氧化鋯。二氧化鋯很堅硬，重量卻很輕，再加上不會生鏽，所以常常用作補牙和假牙的材料。

基本資料

晶系	正方晶系

光澤	鑽石光澤、玻璃光澤
硬度	■■■■■■■□□□ 7½
比重	■■■■□□□□□□ 4.2～4.7

主要生產國

澳大利亞、南非、中國、印尼、烏克蘭、印度

我是什麼樣的礦物？

我的結晶呈現四角柱狀，顏色除了暗紅色和紅褐色之外，還有灰色、綠色、黃色等多變的模樣。

我誕生自花崗岩等火成岩的內部，結晶大多為 1 公釐見方，雖然不大卻非常堅硬，所以不容易風化。而且我的比重也比較重，所以常常密集出現於河川的砂礫之中。

我主要是由鋯元素構成，而這種元素比較少在其他礦物身上看到，是一種非常稀有的物質喔。

風化就是石頭表面受到風吹、水流等影響，一點一點磨損的過程。

我大顯身手的地方！

利用我體內含有的鋯，就可以做出二氧化鋯。二氧化鋯非常堅硬，也不會腐蝕、生鏽，因此牙醫會拿來補牙和製作假牙。

以二氧化鋯為材料製成的假牙，就算吃硬的東西也可以照咬不誤。而且這種假牙的顏色非常近似自然的牙齒，即使長時間在口腔中也不會變色。不僅如此，由於二氧化鋯不是金屬，

所以不必擔心對身體造成危害，對金屬過敏的人也可以安心使用。

二氧化鋯還可以用來打造陶瓷菜刀喔。由於其材質堅硬耐磨，所以刀刃不容易鈍掉。而且因為是非金屬的關係，不會有生鏽的問題，再加上質地輕，所以非常便於使用。

用鋯石來測定地球的年齡

有一些元素會釋放出輻射，慢慢轉變成其他的元素。而每種元素的變化速度都是固定的，所以我們只要觀察其變化的狀況，就能知道含有該元素的礦物和岩石大約是什麼時候形成的。像是我體內經常含有的鈾，也是這種元素之一喔。在世界上最古老的岩石中，存有44億歲的我。人們就是透過這種方式，概估地球的年齡。

科學家利用隕石進行更深入的調查，推估地球的年齡約為45～46億歲呢。

石膏 小弟

可以做成醫療用石膏，保護大家的骨頭！

如果骨折了，就呼喚我吧。

▷▷ 質地較軟的我，是硬度2的礦物。不同的結晶形狀，使我獲得了各種不同的暱稱。

▷▷ 將我加熱以後可以製成一種叫「熟石膏」的粉末，加水就會凝固，所以會拿來製作醫療用石膏。

基本資料

晶系 單斜晶系

光　澤　玻璃光澤、珍珠光澤

硬　度　■■□□□□□□□□
2

比　重　■■■□□□□□□□
2.3

主要生產國
中國、墨西哥、美國、
伊朗、澳大利亞、
俄羅斯

我是什麼樣的礦物？

我是石膏！硬度是2，算是非常軟的礦物喔。世界各地都很容易找到我，我想大家應該也都聽過我的名字吧？

我一般是透明無色的，但混雜了其他物質的話，也會染上其他顏色。我的結晶大多呈現板狀或柱狀，不過也有一些不同形狀的結晶，而不同的結晶型態也有不同的暱稱喔。

比如說，雪白且由紋理細緻的顆粒聚集成塊的「雪花石膏」，就像剛開始堆積的雪一樣白。其他還有像是透明且結晶形狀清楚的「透石膏」、由纖維般的細長結晶堆疊而成的「纖維石膏」等。

我大顯身手的地方！

骨折時用來保護、固定骨折部位的醫療用石膏，就是我大顯身手的地方啦！

我的性質有點奇怪，一旦加熱、喪失水分之後，就會變成一種叫「熟石膏」的白色粉末，但如果將這種熟石膏再次加水，就會重新凝固。醫療用石膏就是聰明利用了這種性質的產物。將充滿熟石膏的繃帶纏在想要固定的部位，然後沾上水，繃帶包著的地方就會凝固了。

我發揮用處的地方可不是只有醫療用石膏。因為我的顏色雪白、質地柔軟，所以也被用來做成在黑板上寫字用的粉筆喔。美術館裡頭的白色石膏像，也是以我作為原料。還有還有，很久以前，古埃及法老王的棺材一樣是用我來打造的呢。

我的朋友

磷灰石 小弟

人們可以用磷灰石小弟製作和骨頭以及牙齒相同成分的東西，所以他被用來製作人工骨頭和人工牙齒。如果有哪裡缺了骨頭，醫生就可以用磷灰石小弟所製成的人工骨頭來填補。補上後，新的骨頭就會慢慢長出來，包覆住人工骨頭的部分，並合而為一。磷灰石的硬度是5。

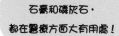
石膏和磷灰石，都在醫療方面大有用處！

重晶石 小朋友

超級重的礦物！

我在大人們的腸胃檢查中大有用處喔。

▶▶ 就跟我的名字一樣，我是非常重的礦物。我在日本很常見，像是秋田縣的玉川溫泉中，就有因為釋放出些微輻射而稍微變質的我呢。

▶▶ 我的主要成分是硫酸鋇，檢查腸胃時要喝的鋇顯影劑，就是以我為原料製作的呢。

基本資料

晶系 斜方晶系

光　澤 玻璃光澤

硬　度 ■■■□□□□□□□
　　　　3～3½

比　重 ■■■■□□□□□□
　　　　4.5

主要生產國

英國、巴西、美國、
中國、西班牙、
日本（秋田縣等）

我是什麼樣的礦物？

我的名字裡有個「重」字，顧名思義，我是非常重的礦物喔。英文名叫作「Barite」，一樣有「重」的意思。大家可以把我拿在手上看看，保證比你想像的還要重。

我的結晶大多是板狀和柱狀，斷面幾乎都是四方形。一般雖然呈現無色和白色，可一旦混雜了其他物質，也會變成黃色和藍色。

在日本，有一種特殊種類的我存在。於秋田縣的玉川溫泉中發現的我，含有微量的鉛，會釋放出些微的輻射，就全世界來看的話算是十分稀有的例子。這種特殊的我，稱作「北投石」，會用於岩盤浴，現在已經被日本列入國家特別天然紀念物了。

北投石只出現在日本的玉川溫泉和台灣的北投溫泉而已喔。

我大顯身手的地方！

大家聽過「上消化道攝影檢查」嗎？就是照X光來檢查食道、胃部、十二指腸等部位有沒有出問題，這時受診者就需要喝下「鋇顯影劑」。

這裡提到的鋇，其實正式名稱是「硫酸鋇」，也是構成我的主要成分。雖然現在的硫酸鋇大多是人工合成出來的，不過從我身上製成的硫酸鋇粉末，依然會混進黏著劑之類的東西喔。

X光是一種會穿透人體的電磁波，不過卻會被硫酸鋇擋住。所以只要在胃壁上包一層硫酸鋇的屏幕，胃部的形狀就能清楚映照出來了。

我非常耐酸、耐熱，所以不會溶於胃酸，這一點也很適合用作顯影劑。

沙漠玫瑰

這是一種於沙漠中形成的結晶，由於外型就像花瓣聚集在一起，所以才有「沙漠玫瑰」的名稱。沙漠玫瑰是由我和石膏小弟（→60頁）所構成的。當我身上的硫酸鋇以及石膏小弟身上含水的硫酸鈣這類成分溶於水再乾燥，就會凝聚在一塊，形成玫瑰般的結晶。

「沙漠玫瑰」聽起來真神祕。

為人們帶來樂趣的礦

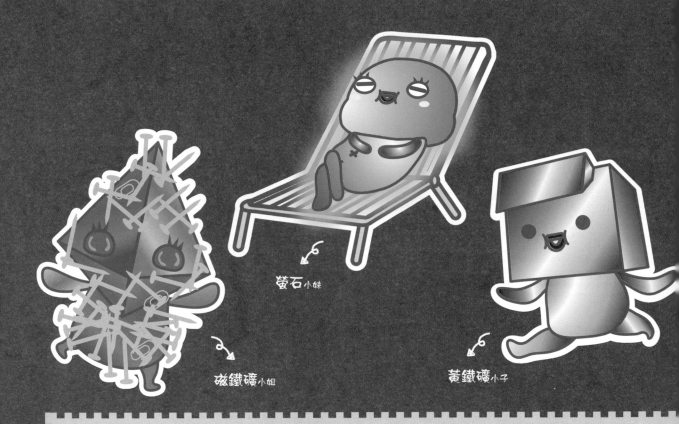

螢石小妹

磁鐵礦小姐

黃鐵礦小子

也有不少礦物具有趣味十足的特色。像聚集在這裡的我們，就屬於這種「有趣的礦物」喔！

螢石是一種會發光的礦物，對她加熱或照射紫外線的話，就會像螢火蟲一樣發出藍白色的光芒。受紫外線照射而產生光芒的螢石含有一種元素，可以將紫外線轉變成可見光並向外釋放。

黃鐵礦的特徵，說來說去還是他的外表了——他那彷彿經過人工切割的形狀十分工整。另外還有可以拿來當作磁鐵的礦物。磁鐵礦本身具有「磁性」，像鐵釘一樣，具有會吸附在磁鐵上的性質，有些磁鐵礦還具有磁鐵般吸附鋼鐵的「磁力」呢。有一種金綠玉可以製作出稱為「貓眼石」

物

鈉硼解石 小弟

拉長石 小妹

金綠玉 小朋友

水黑雲母 小子

的珠寶，看起來就跟貓咪的眼睛一模一樣。有些礦物如果放到文字和圖畫上，就會讓文字和圖畫看起來彷彿飄了起來，好比綽號為電視石的鈉硼解石。透過鈉硼解石看東西，和透過透明玻璃看到的景象完全不同，可以體驗到一種奇妙的感覺。除此之外，世上還存在著會伸長的礦物喔。如果拿火燒水黑雲母，她就會伸長，若是親眼看到一定會嚇一大跳的。拉長石是一種帶有虹彩的礦物，從不同角度觀看，看到的顏色也會隨之改變。

　　怎麼樣，礦物真的很不可思議吧？你想要親眼見識哪種礦物呢？

螢石 小妹

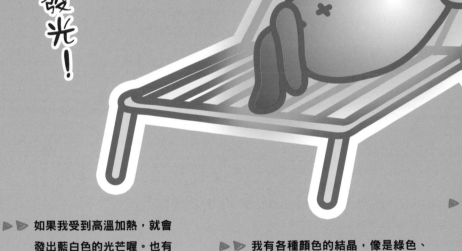

簡直就像螢火蟲
發出的光芒對吧？

加熱就會發光！

▶▶ 如果我受到高溫加熱，就會
發出藍白色的光芒喔。也有
一些種類是照射到紫外線時
會發光。

▶▶ 我有各種顏色的結晶，像是綠色、
黃色、紫色，還有粉紅色喔。

▶▶ 我是非常受歡迎的相機
鏡頭材料！平底鍋等器
具的氟樹脂加工過程也
會用到我呢。

基本
資料

晶系 立方晶系

光　澤 玻璃光澤

硬　度 ■■■■■□□□□□
4

比　重 ■■■□□□□□□□
3.2

主要生產國

中國、墨西哥、蒙古、

南非、哈薩克、

日本（岐阜縣等）

我是什麼樣的礦物？

　　我最大的特徵當然就是會「發光」啦！當我受到高溫加熱，就會發出螢火蟲般的藍白色光芒喔。

　　還有一種比較稀少的種類，在照射到紫外線時會產生光芒。物質受紫外線照射而發出光芒的現象，稱作「螢光反應」。這種現象就是因為我才被人們發現的呢。你問我為什麼照到紫外線會發光？那是因為我的結晶裡含有的某些元素可以將紫外線轉變成可見光，再向外釋放出去啊。

　　我還有另一個特色就是顏色變化非常豐富。有綠色、黃色、紫色、粉紅色等等，幾乎所有顏色的型態都有！甚至還有單一結晶內混雜不同顏色的情況呢。

我大顯身手的地方！

嚇我一跳！石頭居然會發光！而且聽說加熱有時可能會造成螢石破裂呢！

　　我體內並沒有混雜其他物質，透明度非常高，因此光線通過我時可以直直通過，不會扭曲。也因為這個性質，我在1800年代常常被人們拿來製作顯微鏡的鏡頭。

　　而這項性質似乎還能運用在相機鏡頭上，只不過由於我的天然結晶很少有夠大的，所以過去很長一段時間都沒辦法實現這個想法。不過經過一番研究後，最近終於有辦法人工製造出我的大型結晶了，所以現在我在高性能相機上也派上了不少用場。

　　從我身上取出的氟，可以用作平底鍋、電鍋等器具的氟樹脂加工原料。由於氟樹脂十分耐熱，而且可以令表面變得平滑、不容易沾黏，人們做起菜來更加順手了。

方解石（→53頁）和剛玉（→16頁）也含有受紫外線照射時會發光的物質。

照射紫外線會發光的原因

在太陽發出的光中，紫外線算是能量非常高的一種光，一般肉眼是看不見的。不過有少部分礦物在受到紫外線照射時，裡頭含有的某些元素會吸收紫外線的能量，轉變成能量較弱的光線釋出。這種能量較弱的光就稱作「螢光」，肉眼可見。所以光是看得見的喔。我就是具有這麼不可思議的力量。

黃鐵礦小子

有如現代藝術的外表！

不要叫人家「愚人金」嘛！

▶▶ 我最自豪的地方，就是我那看起來彷彿經人為加工過的美麗結晶形狀。除了立方體之外，也有八面體和十二面體的結晶喔。

▶▶ 常常被誤認成是自然金先生（→40頁），所以也有「愚人金」的綽號。

▶▶ 如果用鐵鎚敲打，就會迸出火花！所以古希臘人也喜歡拿我當打火石使用喔。

基本資料

晶系 立方晶系

光　澤 金屬光澤

硬　度 ■■■■■■■□□□□
　　　　　　　　6

比　重 ■■■■■□□□□□
　　　　　　5.0

主要生產國
西班牙、美國、
巴西、玻利維亞、
日本（岩手縣等）

68

我是什麼樣的礦物？

我是由硫和鐵所構成的礦物，最大的特徵就是這外型了。有如骰子的立方體結晶，不管哪一面都看起來像人工切割過一樣平整。除了立方體之外，也有每面都是正三角形的八面體、以及由五角形平面構成的十二面體。而且還有一些是多個結晶黏在一起的樣子，簡直就像現代藝術品吧？

而這身金光閃閃的顏色，也是我非常自豪的一個地方。我有一個綽號叫「愚人金」，原因是缺乏採礦經驗的呆瓜（愚人）很容易把我誤認成是自然金。但我本人可一點也不呆喔。

我屬於常見礦物，並不昂貴，不過在收藏家之間的人氣還是很高。

我大顯身手的地方！

我的英文名字叫「Pyrite」，在希臘語中有「火花石」的意思。如果用鐵鎚敲打我，就會有火花從我身上迸出來，所以才有了這個名字。不瞞你們說，古希臘人要起火時，就會拿我當打火石使用呢。

還有，聽說15世紀左右存在於南美洲秘魯的印加帝國，會把我研磨做成鏡子呢。

人們過去會從我身上取得硫酸，不過現在已經是透過其他方法來製造這種化學試劑了。先不說這個，最近人們開始拿我來製作太陽能電池，似乎對我寄予厚望呢。雖然我平常不容易導電，但照到光的話，我就會開始推動電流流動。

我的朋友

纖水矽鈣石 小妹

纖水矽鈣石小妹和我一樣，外型十分有特色。她是由許多細緻的纖維狀結晶聚集成球狀，看起來就像兔子尾巴一樣毛茸茸的，所以也有「兔尾石」的暱稱喔。

蓬蓬的，感覺抱起來很舒服！
看起來一點都不像礦物。

磁鐵礦小姐

有磁性也有磁力！

人家是自然形成的磁鐵。

▶▶ 人家具有像鐵釘一樣吸附在磁鐵上的「磁性」，有些還具有像磁鐵那樣能吸附鋼鐵的「磁力」呢。

▶▶ 人家從以前開始就是煉鐵的原料。也會化身為帶有磁力的指南針，幫助人們遨遊大海。

 基本資料

 晶系 立方晶系

光　澤 金屬光澤

硬　度 ■■■■■■■■□□□□
　　　 5½～6

比　重 ■■■■■□□□□□□□
　　　 5.2

主要生產國
澳大利亞、加拿大、
美國、瑞典、俄羅斯

我是什麼樣的礦物？

人家會出現在火成岩、變質岩等任何岩石之中。那些岩石風化而成的沙子裡頭，也可以發現很多人家的蹤影。

各位有沒有試過把磁鐵插進沙子來蒐集鐵砂呢？其實那些鐵砂就含有顆粒狀的人家。人家具有很強的磁性，所以會被磁鐵吸引。

人家有時還具有磁力，有些甚至強得可以像磁鐵一樣吸住鐵釘和鐵夾呢。

人家的結晶大多為八面體，且呈現有光澤的黑色。

磁力很強的磁鐵礦稱作「天然磁鐵」喔。

我大顯身手的地方！

從以前開始，人家在世界各地就是煉鐵的原料。日本以前流傳一種叫作「踏鞴」的製鐵技術，人家從那時開始就被人們廣泛運用囉。踏鞴煉鐵法是將鐵砂和木炭放在一起加熱，進而煉出鋼鐵的方法。而為了提高燃燒溫度，會使用一種往爐中送風的裝置，就叫作「踏鞴」。

另外，像指南針這種標示方位的磁鐵，最早是在 11 世紀左右出現於中國，上頭就使用了磁力較強的人家喔。地球的磁力和人家的磁力相互牽引，就可以讓指南針的指針始終指向南北。有了人家，人們朝著目的地前進時就不會搞不清楚方向。後來指南針傳到歐洲，也促進航海貿易興盛起來。

我想更加了解礦物！

天然磁鐵是如何形成的

磁性較強的人家，有機會變成天然磁鐵。各位可以把人家的身體想成是許多小磁鐵的集合體，這麼一來就好懂多了。平常這些小磁鐵的S極和N極都各自朝著不同的方向，磁力因此相互抵銷，所以人家不會帶有磁力。然而，一旦被雷打到，雷電的電流便會使人家體內的小磁鐵轉向同一個方向，也因此產生了磁力。

金綠玉 小朋友

可以化身成不可思議的珠寶！

「貓眼石」可是非常珍貴的。

▶▶ 有時我會結出「貓眼石」，顧名思義，是一種看起來很像貓眼睛的珠寶。

基本資料

晶系 斜方晶系

光 澤 玻璃光澤

硬 度 8½

比 重 3.8

主要生產國
巴西、俄羅斯、馬達加斯加、辛巴威、印度

我是什麼樣的礦物？

我的外表一般是黃色或黃綠色，再不然就是透明，不過有些結晶用不同種類的光去照，會呈現不同的顏色，比如在太陽光下呈現綠色，白熾燈泡下則會變成紅色之類的。這是結晶中的鉻所產生的作用，很奇妙吧？

我大顯身手的地方！

會隨著不同光源而變色的，是一種稱作「亞歷山大石」的珠寶。除此之外，我也會形成其他種類的珠寶，稱作「貓眼石」。將貓眼石切割成圓凸形時，表面會出現一道光亮的線條，看起來就像貓咪的眼睛。

鈉硼解石小弟

會讓文字和圖案飄起來！

也有人叫我「電視石」。

▶▶ 我是由許多細小的纖維狀結晶聚集而成的礦物。

▶▶ 如果把我擺在書本上，會看到文字和圖案飄起來的現象唷。

基本資料

晶系	三斜晶系

光澤	玻璃光澤、絲綢光澤

硬度 ■■□□□□□□□□
2½

比重 ■■□□□□□□□□
2.0

主要生產國
美國、加拿大、德國、
土耳其、秘魯

我是什麼樣的礦物？

　　含有鹽分的湖泊乾涸後，就會結出我來。我是由無色和白色的細小纖維狀結晶，朝著同一個方向緊緊收束成一體的礦物。自然界中能取得我的地方非常少，不過可以透過人工方式把我製造出來唷。如果把我拿去泡溫水，會害我溶解。

我大顯身手的地方！

　　我最擅長逗人開心了。如果把我磨亮後擺在文字上，下面的文字就會看起來像是浮上了表面。這是因為光穿過我體內直直併排的細小結晶，從石頭的下方傳到了表面的緣故。由於看起來很像電視上的影像，所以也有人叫我「電視石」。

水黑雲母小子

加熱會伸長！

用火燒的時候，要小心碎片可能會亂彈喔。

▶▶ 如果拿火燒我，我就會像水蛭一樣伸長。

▶▶ 大大膨脹的我，被拿來用作建築物牆壁的材料。

基本資料

晶系	單斜晶系

光澤　珍珠光澤

硬度　■■□□□□□□□□
　　　　2

比重　■■■□□□□□□□
　　　　2.6

主要生產國
南非、美國、澳大利亞、利比亞、墨西哥

 我是什麼樣的礦物？

　　我是含有水分的黑雲母。如果拿火燒我，我體內的水蒸氣就會擠壓結晶層，進而使結晶層延展，所以我的身體才會伸長。這副模樣非常像棲息在沼澤的水蛭蠕動的樣子，所以我還有「蛭石」這個別稱。我一旦伸長，即使冷卻也沒辦法變回原來的樣子囉。

我大顯身手的地方！

　　如果對我高溫加熱，我可以膨脹到將近原體積的 10 倍喔。我膨脹之後會變得很輕，也不易燃燒，而且又具有保溫、保濕的性質，所以人們會將我用在建築物的牆壁材料上。另外，如果把我跟泥土混合，泥土就會具有非常優良的保水性和保肥性，因此我在園藝方面也相當派得上用場喔。

拉長石 小妹

經過研磨便會帶有虹彩

只有少部分才有辦法變成虹光閃閃的珠寶唷。

基本資料

晶系	三斜晶系

光澤 玻璃光澤

硬度 ■■■■■■□□□□
6

比重 ■■■□□□□□□□
2.7

主要生產國
加拿大、馬達加斯加、芬蘭、巴西

▶▶ 因帶有虹彩而聞名的礦物。虹彩的秘密其實跟我的身體構造有關。

▶▶ 將我磨成圓鼓鼓的外型，就可以做成帶有獨特光輝的珠寶唷。

✦ 我是什麼樣的礦物？

我是帶有虹彩的礦物。從不同角度觀看，可以看見藍色和黃色等各種不同的色調。我的身體由不同成分的薄膜有規律地層層堆疊，每一層都會反射出不同種類的光，所以看起來才會七彩繽紛。這種光學效應就稱作「鈉石光彩」。

我大顯身手的地方！

我幾乎都是灰色的，只有一部分的結晶才帶有虹彩。而且我的原石看起來一點都不顯眼，必須要將表面磨掉之後才會顯現虹彩。帶有虹彩的結晶是許多人鍾愛的珠寶。如果把我的邊角磨掉，磨成圓滾滾的形狀，可以令虹彩更加鮮豔唷。

礦物角色一覽

鑽石

▷由碳構成，硬度為10，是最硬的礦物。
▷可製成晶瑩剔透到有點刺眼的珠寶。 →p.14

綠松石

▷可以製成如地中海般蔚藍的珠寶。
▷是最早被人們拿來當作珠寶的礦物。 →p.22

剛玉

▷可以製成紅寶石和藍寶石等珠寶。
▷硬度為9，很硬，所以也會用於研磨劑。 →p.16

輝石玉

▷日本和中南美洲等地區自古以來就十分喜愛的礦物，也是玉的主要成分。 →p.24

綠柱石

▷可以製成綠色的祖母綠和淡水藍色的海藍寶石等珠寶。 →p.18

青金石

▷同樣叫青金石的珠寶中含有的礦物之一。
▷容易加工，常常做成串珠。 →p.26

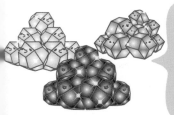

石榴石

▷種類超過14種，每一種的外型都很類似。
▷不同種類有不同顏色。 →p.20

琥珀

▷從樹液變成化石的有機礦物。
▷內部有時會封存過去的生物。 →p.28

石墨

▷由碳構成的礦物，漆黑又柔軟。

▷會用來製作鉛筆芯。

→p.32

自然金 自然銀

▷美麗且容易加工的礦物。

▷除了裝飾品外，也會用在電子零件上。

→p.40

孔雀石

▷顏色類似孔雀羽毛的礦物。

▷會用來製作顏料。

→p.34

赤鐵礦

▷和鐵鏽成分相同，是一種紅通通的礦物。

▷鐵的原料。

→p.42

石英

▷小型結晶經常混在岩石和砂礫之中。

▷會用來製作時鐘的零件。

→p.36

鈦鐵礦

▷具有金屬光澤的黑色礦物。

▷可以分離出鈦金屬。

→p.44

鋰雲母

▷結晶模樣有如魚鱗。

▷含有大量電池會用到的鋰元素。

→p.38

天青石

▷會結出萬里晴空般水藍色的結晶。

▷含鍶元素，是紅色煙火的材料。

→p.46

岩鹽

▷會用來製作食鹽。

▷不耐濕，濕度過高便會溶解。

→p.50

鋯石

▷含有鋯元素，會用來合成二氧化鋯，成為假牙的材料。

→p.58

白雲石

▷由鈣和鎂構成的礦物。

▷會用來製作營養補給品。

→p.52

石膏

▷硬度為2的柔軟礦物。

▷加熱後可做出熟石膏，為醫療用石膏的材料。

→p.60

白雲母

▷由一片片薄薄的結晶堆疊形成的礦物。

▷會用於粉底等化妝品上。

→p.54

重晶石

▷顧名思義，是很重的礦物。

▷會用來製作腸胃檢查時飲用的鋇顯影劑。

→p.62

滑石

▷質地最軟，硬度為1的礦物。

▷會用來製作嬰兒爽身粉。

→p.56

螢石

▷受熱會發光的礦物。

▷會拿來製作顯微鏡和相機的鏡頭。

→p.66

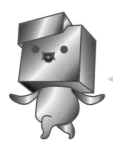

黃鐵礦

▷結晶形狀工整得像經過人為切割。

▷用鐵鎚敲打會濺出火花。

→p.68

鈉硼解石

▷由許多細小纖維狀結晶聚集而成。

▷可以讓文字和圖案看似浮了起來。

→p.73

磁鐵礦

▷會吸附在磁鐵上，也是天然磁鐵的原料礦物。

▷煉鐵的原料。

→p.70

水黑雲母

▷用火加熱，就會像水蛭一樣伸長。

▷伸長之後可以應用於牆壁的建築材料上。

→p.74

金綠玉

▷某些特殊結晶在不同種類光照下，會呈現不同顏色。

▷還有表面有道光的線條，看起來有如貓眼的結晶。

→p.72

拉長石

▷帶有虹彩的礦物。

▷不同角度可以看見不同色調。

→p.75

 # 了解礦物，並實際出門觀察吧！

透過礦物老師的介紹，晶太和結子結束了這次的礦物探險之旅。他們遇見了許多礦物，也熟悉了各自的特徵和使用方法。大家也去多多了解礦物，試著到山上、河邊等處觀察礦物吧。

監修

松原 聰（Matsubara Satoshi）

日本國立科學博物館名譽研究員、前地球科學研究部長
專攻礦物學。2002年於新潟發現的全新礦物就命名為松
原石。撰寫、監修許多和礦物相關的書籍，如《礦物圖鑑
（鉱物図鑑）》（ベスト新書）、《礦物、岩石名人錄（鉱物
・岩石紳士錄）》（学研教育出版）。也舉辦多場演講，以
簡單明瞭的說明，推廣礦物的正確知識。

插畫

いとうみつる（Ito Mitsuru）

原先從事廣告設計，後來轉換跑道，成為專職插畫家。擅
長創作溫馨之中又帶有「輕鬆詼諧」感的插畫角色。

TITLE

地球礦物小圖鑑

STAFF

出版	瑞昇文化事業股份有限公司
監修	松原 聰
插畫	いとうみつる
譯者	沈俊傑

總編輯	郭湘齡
文字編輯	徐承義　蔣詩綺
美術編輯	謝彥如
排版	執筆者設計工作室
製版	明宏彩色照相製版股份有限公司
印刷	桂林彩色印刷股份有限公司

法律顧問	經兆國際法律事務所　黃沛聲律師

戶名	瑞昇文化事業股份有限公司
劃撥帳號	19598343
地址	新北市中和區景平路464巷2弄1-4號
電話	(02)2945-3191
傳真	(02)2945-3190
網址	www.rising-books.com.tw
Mail	deepblue@rising-books.com.tw

初版日期	2019年10月
定價	300元

ORIGINAL JAPANESE EDITION STAFF

本文テキスト	小菅由美子
デザイン・編集・制作	ジーグレイプ株式会社
企画・編集	株式会社日本図書センター

國家圖書館出版品預行編目資料

地球礦物小圖鑑 / 松原聰監修；いとう
みつる插畫；沈俊傑譯. -- 初版. -- 新北
市：瑞昇文化, 2019.09
84面；19 x 21公分
ISBN 978-986-401-372-2(平裝)

1.礦物學 2.繪本 3.通俗作品

357　　　　　　　　　　108013932

Chikyu no Sugosa wo Tokoton Ajiwaeru! Kobutsu Character Zukan
Copyright © 2018 Nihontosho Center Co. Ltd.
Chinese translation rights in complex characters arranged with NIHONTOSHO CENTER Co., LTD
through Japan UNI Agency, Inc., Tokyo